Guida alla Coltivazione della Petunia

Impara cosa fare per coltivare bene incantevoli Petunie

A. Duller

Lisa Shardon

Copyright © 2024

Guida alla Coltivazione della Petunia

Introduzione

Introduzione alla Petunia

La **Petunia** è uno dei fiori più amati e diffusi tra gli appassionati di giardinaggio di tutto il mondo. Originaria del Sud America, in particolare dell'Argentina, del Brasile e dell'Uruguay, la petunia è stata introdotta in Europa nel XIX secolo e da allora ha conquistato i cuori di moltissimi giardinieri grazie alla sua bellezza, varietà e resistenza. Il genere **Petunia** appartiene alla famiglia delle **Solanacee**, la stessa che comprende piante più conosciute come il pomodoro, la patata e il peperone, ma si distingue per il suo carattere ornamentale e la capacità di fiorire per lunghi periodi, riempiendo di colori vivaci giardini, balconi e terrazzi.

Le petunie sono particolarmente apprezzate per la loro grande adattabilità ai climi temperati e per la facilità di coltivazione. Possono crescere in terreni diversi e, sebbene preferiscano il sole, si adattano anche a zone di mezz'ombra. Questo le rende ideali per una vasta gamma di condizioni ambientali e climi. Inoltre, con una giusta cura, possono fiorire dalla primavera fino all'autunno inoltrato.

Il successo della petunia tra i giardinieri amatoriali e professionisti è dovuto anche alla straordinaria gamma di colori che offre. Le petunie possono presentarsi in sfumature che vanno dal bianco al viola intenso, passando per il rosa, il rosso, il blu e persino combinazioni multicolore. Alcune varietà hanno petali rigati o screziati, mentre altre vantano fiori dalle dimensioni notevoli o dai profumi inebrianti.

In questa guida approfondita, esploreremo la storia, le caratteristiche principali e le varietà più diffuse di petunie, fornendo anche suggerimenti per la coltivazione e la cura di queste piante straordinarie. Partiremo dalle origini della petunia, per poi scendere nei dettagli sulle varie tipologie di petunie disponibili sul mercato, tra cui quelle a fiore semplice, a fiore doppio e le petunie ricadenti.

Capitolo 1: Origine e Caratteristiche della Petunia

Le **Petunie** hanno una storia affascinante che risale a secoli fa. Il nome "Petunia" deriva dalla parola indigena brasiliana "petun", che significa "tabacco", poiché questa pianta era inizialmente ritenuta una variante del tabacco selvatico, anch'esso appartenente alla famiglia delle Solanacee. Gli esploratori europei, che per primi incontrarono la pianta nel corso delle loro spedizioni in Sud America, ne rimasero subito colpiti per la bellezza dei suoi fiori, tanto che presto fu importata e coltivata nei giardini ornamentali dell'Europa.

Origine e Diffusione

Le prime specie di petunia furono descritte ufficialmente dai botanici intorno al 1823. Le due principali specie da cui derivano la maggior parte delle varietà coltivate oggi sono la **Petunia axillaris** e la **Petunia integrifolia**. La prima è caratterizzata da fiori bianchi profumati, mentre la seconda ha fiori più piccoli e di colore viola. A partire da queste due specie, attraverso incroci e selezioni, i coltivatori hanno dato vita a un gran numero di ibridi, che oggi rappresentano la maggior parte delle petunie disponibili in commercio.

Nel corso degli anni, la petunia ha conosciuto un'evoluzione rapida grazie ai numerosi programmi di ibridazione sviluppati dai vivaisti. Ciò ha portato alla creazione di piante con una straordinaria varietà di forme, colori e dimensioni, adatte a ogni tipo di giardino e balcone. Le petunie sono ora presenti in tutte le zone temperate del mondo e vengono coltivate sia in piena terra che in vaso, facendo parte della vita quotidiana di chiunque ami la bellezza dei fiori.

Caratteristiche Generali

Le petunie sono piante erbacee annuali o perenni (anche se nella maggior parte dei climi temperati vengono coltivate come annuali) e presentano un portamento che può essere eretto o ricadente. Le loro foglie sono generalmente ovali o lanceolate, disposte in maniera alternata sui fusti. Il fogliame è di colore verde brillante e, spesso, leggermente appiccicoso al tatto a causa della presenza di sottili peli ghiandolari che ricoprono la superficie delle foglie.

La caratteristica più sorprendente della petunia, tuttavia, sono i suoi fiori. Di forma campanulata o tubolare, i fiori della petunia possono essere singoli o doppi, a seconda della varietà. Il loro diametro varia notevolmente: alcune varietà producono fiori molto grandi, che possono raggiungere i 10-12 cm di diametro, mentre altre, come le petunie nane, hanno fiori più piccoli ma non meno appariscenti. Anche la gamma di colori è straordinariamente ampia, con tonalità che spaziano dal bianco puro al nero vellutato, passando per tutte le sfumature di rosa, rosso, viola e blu. Alcune varietà presentano anche combinazioni di colori, con petali che possono essere striati, screziati o sfumati.

Una caratteristica interessante delle petunie è la loro capacità di autoguarigione: i fiori che appassiscono cadono spontaneamente dalla pianta, lasciando spazio a nuovi boccioli che rapidamente fioriscono, garantendo così una fioritura continua durante tutta la stagione.

Varietà di Petunie

Il successo della petunia nei giardini e sui balconi è dovuto, in gran parte, alla sua incredibile varietà. Grazie a decenni di selezione e ibridazione, oggi esistono numerose varietà di petunie, ciascuna con caratteristiche specifiche in termini di portamento, dimensioni, colore dei fiori e tipo di fioritura. Le petunie possono essere classificate in diverse categorie principali: **petunie a fiore semplice**, **petunie a fiore doppio** e **petunie ricadenti**.

Petunie a Fiore Semplice

Le **petunie a fiore semplice** sono

probabilmente le più comuni e diffuse tra i giardinieri. I loro fiori presentano una struttura classica, con cinque petali disposti a formare una corolla a forma di imbuto o di campanula. Questa semplicità di forma non toglie nulla alla loro bellezza, anzi, le petunie a fiore semplice sono spesso apprezzate per la loro eleganza e la varietà cromatica.

Le petunie a fiore semplice si dividono in ulteriori sottogruppi:

1. **Grandiflora**: Questa è la varietà con i fiori più grandi, che possono raggiungere anche i 10-12 cm di diametro. Le petunie grandiflora sono note per le loro spettacolari fioriture e per i colori intensi e brillanti. Tuttavia, i fiori, essendo così grandi, possono essere più sensibili ai danni causati dalla pioggia o dal vento, motivo per cui queste piante sono più adatte a luoghi riparati.

2. **Multiflora**: Le petunie multiflora hanno fiori più piccoli rispetto alle

grandiflora, ma in compenso producono un numero maggiore di fiori. Sono più resistenti alle intemperie e per questo rappresentano una scelta ideale per giardini esposti al vento o alla pioggia. La varietà multiflora è perfetta per creare tappeti fioriti grazie alla sua capacità di ricoprire rapidamente grandi superfici.

3. **Milliflora**: Le petunie milliflora, come suggerisce il nome, producono piccoli fiori, ma in quantità davvero notevole. Queste piante compatte e ben ramificate sono ideali per balconi e terrazzi, soprattutto se si desidera creare composizioni floreali in piccoli spazi. Nonostante le dimensioni ridotte dei fiori, il loro impatto visivo è notevole, grazie alla densità e alla continua produzione di boccioli.

4. **Floribunda**: Le petunie floribunda si collocano a metà strada tra le grandiflora e le multiflora, combinando i vantaggi di entrambe. Hanno fiori di dimensioni medie e una buona resistenza alle intemperie, rendendole una scelta versatile per chi cerca piante belle e robuste.

Le petunie a fiore semplice sono molto apprezzate per la loro facilità di coltivazione e per la loro capacità di adattarsi a diversi tipi di terreno e di esposizione. Sebbene preferiscano posizioni soleggiate, riescono a fiorire anche in condizioni di mezz'ombra, rendendole una scelta popolare per giardini urbani e balconi esposti a nord.

Petunie a Fiore Doppio

Le **petunie a fiore doppio** rappresentano una versione più elaborata e ornamentale della pianta. Invece di avere cinque semplici petali, queste petunie presentano una moltitudine di petali, disposti in modo da creare fiori dall'aspetto pieno e ricco, quasi simili a delle rose. I fiori doppi sono estremamente decorativi e donano alle piante un aspetto lussureggiante e sofisticato.

Tuttavia, i fiori doppi tendono a essere più

pesanti e meno resistenti alle intemperie rispetto ai fiori semplici. Per questo motivo, le petunie a fiore doppio sono particolarmente indicate per essere coltivate in vasi e fioriere poste in luoghi riparati dalla pioggia e dal vento. I fiori, essendo così densi, possono trattenere l'acqua durante le piogge abbondanti, appesantendo la pianta e rendendola più suscettibile a danni.

Nonostante ciò, la bellezza dei fiori doppi vale spesso la maggiore cura richiesta. Queste petunie sono perfette per chi cerca una pianta che sappia catturare l'attenzione, grazie alle loro fioriture opulente e ai colori intensi. Tra le petunie a fiore doppio esistono varietà grandiflora, multiflora e milliflora, permettendo una grande varietà di scelta in termini di dimensioni e caratteristiche.

Petunie Ricadenti

Le **petunie ricadenti**, note anche come **petunie surfinia**, sono una delle varietà più amate per la coltivazione in vasi sospesi e fioriere. Queste piante presentano un portamento prostrato o strisciante, che permette ai fusti di crescere e ricadere elegantemente oltre il bordo dei vasi, creando spettacolari cascate di fiori.

Le petunie ricadenti possono coprire rapidamente ampie superfici, rendendole ideali per chi desidera decorare pergolati, muretti o balconi con un tocco di colore. I fiori delle petunie ricadenti sono generalmente di medie dimensioni e possono essere sia semplici che doppi. Anche in questo caso, la gamma di colori è straordinariamente ampia, con tonalità che vanno dal bianco puro al viola intenso.

Le **surfinie** sono una varietà specifica di petunie ricadenti, sviluppata negli anni '80 in Giappone e rapidamente diffusa in tutto il mondo per la sua capacità di produrre fiori abbondanti e resistenti alle intemperie. Le surfinie hanno una crescita vigorosa e possono raggiungere lunghezze notevoli, fino a 1-2 metri in condizioni ideali.

Oltre alle surfinie, altre varietà di petunie ricadenti includono le **Cascadia** e le **Wave**, entrambe caratterizzate da fioriture abbondanti e prolungate. Le petunie ricadenti sono perfette per abbellire balconi, terrazzi e aree soleggiate del giardino, dove possono ricevere luce diretta e garantire uno spettacolo floreale continuo per tutta la stagione.

Capitolo 2: Condizioni Ideali per la Coltivazione delle Petunie

La coltivazione delle **petunie** richiede un ambiente che favorisca il loro pieno sviluppo, la massima fioritura e una crescita rigogliosa. Anche se queste piante sono considerate relativamente facili da coltivare, è essenziale garantire loro le giuste condizioni affinché possano esprimere appieno il loro potenziale ornamentale. Le petunie sono note per la loro grande adattabilità, ma per ottenere risultati eccellenti è necessario prestare attenzione a una serie di fattori fondamentali, come l'esposizione alla luce, la temperatura, il tipo di terreno e la giusta nutrizione.

In questo capitolo esploreremo in dettaglio quali sono le condizioni ideali per coltivare petunie sane e fiorenti, soffermandoci sui tre elementi principali: **luce e temperatura**, **tipo di terreno** e **nutrimenti e fertilizzazione**.

Luce e Temperatura

Le petunie sono piante amanti del sole e, per ottenere una crescita vigorosa e abbondanti fioriture, è fondamentale che ricevano un'esposizione luminosa adeguata. Le **petunie** fioriscono meglio in pieno sole, il che significa che devono ricevere almeno **6 ore di luce solare diretta al giorno**. Una buona esposizione alla luce solare stimola la fotosintesi, il processo attraverso il quale la pianta converte l'energia solare in nutrimento. Una petunia ben esposta al sole crescerà più forte, svilupperà fiori più colorati e avrà una fioritura prolungata e continua.

Se piantate in un luogo ombreggiato o parzialmente ombreggiato, le petunie tenderanno a crescere meno vigorose, con fiori più piccoli e una fioritura ridotta. In condizioni di scarsa illuminazione, le piante possono anche diventare più alte e sottili, allungandosi alla ricerca della luce (fenomeno noto come **etiolazione**), a discapito della robustezza e della compattezza del fogliame.

Pertanto, è fortemente consigliato scegliere un sito esposto al sole, soprattutto se si coltivano varietà a fioritura abbondante come le **petunie grandiflora** o le **surfinie**.

Ombra Parziale e Adattabilità

Tuttavia, le petunie possono tollerare anche esposizioni di **mezz'ombra**, a patto che non vi sia ombra completa per la maggior parte della giornata. In zone dove il clima estivo è particolarmente caldo e secco, una leggera ombreggiatura durante le ore più calde della giornata (tra mezzogiorno e il primo pomeriggio) può essere benefica, poiché previene l'eccessivo stress termico e aiuta a mantenere il terreno più fresco e umido. Questa considerazione è particolarmente importante in regioni dal clima mediterraneo, dove le temperature possono superare i 30-35°C durante l'estate.

In ambienti urbani, dove la luce può essere filtrata da edifici o alberi, è possibile coltivare petunie anche in condizioni di luce non ottimale, ma in questi casi è necessario monitorare con attenzione la pianta e regolare la quantità di acqua e fertilizzante per compensare la minore esposizione solare.

Temperatura: Calore e Resistenza

La petunia è una pianta che si sviluppa al meglio in **climi temperati**, dove le temperature si mantengono moderate durante l'estate. La **temperatura ideale per la crescita delle petunie** si aggira intorno ai **18-24°C**. Tuttavia, le petunie possono tollerare anche temperature più elevate, soprattutto se sono ben idratate e protette dalle correnti d'aria calda. In generale, queste piante sono piuttosto robuste, ma temperature superiori ai **30°C** possono rallentare la fioritura e causare un appassimento dei fiori, soprattutto se non vengono garantite sufficienti annaffiature.

Al contrario, le temperature troppo basse possono danneggiare gravemente le petunie. Queste piante non sono particolarmente resistenti al gelo e, in presenza di temperature al di sotto dei **10°C**, la loro crescita rallenta considerevolmente, fino a fermarsi completamente. Le gelate, anche leggere, possono uccidere le piante, poiché le petunie non hanno meccanismi di difesa naturali contro il freddo intenso. Pertanto, è importante piantare le petunie all'aperto solo dopo che il rischio di gelate tardive è passato, tipicamente in primavera inoltrata.

Le **petunie coltivate in vaso** o in fioriere possono essere spostate in luoghi riparati se le temperature si abbassano improvvisamente, per esempio durante una primavera instabile o all'inizio dell'autunno. Nei climi più freddi, la coltivazione delle petunie può avvenire come pianta annuale, mentre nelle zone a inverni miti le petunie possono essere trattate come perenni, poiché riescono a sopravvivere alle temperature più basse senza subire danni significativi.

Protezione dal Vento e dagli Agenti Atmosferici

Un altro aspetto da considerare quando si

scelgono le condizioni ideali per le petunie è la protezione dal vento. Le petunie, in particolare le varietà a fiore grande come le **grandiflora**, sono vulnerabili ai danni causati dal vento forte, che può spezzare i fusti e danneggiare i fiori. Anche la pioggia battente può essere dannosa, soprattutto per le petunie a fiore doppio o a petali sottili, che possono appesantirsi sotto l'acqua e rovinarsi.

Per questo motivo, è consigliabile coltivare le petunie in aree riparate da forti correnti d'aria o piogge intense. Se le piante sono esposte in vasi o fioriere, si possono spostare in aree protette durante le condizioni atmosferiche avverse.

Tipo di Terreno

Le petunie sono piante relativamente tolleranti in termini di suolo, ma prosperano meglio in **terreni ben drenati**, leggermente acidi e ricchi di sostanze nutritive. Un terreno che trattiene troppa acqua può facilmente causare marciume radicale e altri problemi legati all'eccesso di umidità, che le petunie non tollerano bene.

Il **pH ideale** del terreno per la coltivazione delle petunie è leggermente acido, con valori compresi tra **5,5 e 6,5**. Un terreno troppo alcalino può causare problemi di assorbimento dei nutrienti, in particolare del ferro, che è essenziale per la produzione di clorofilla. Se il terreno è troppo alcalino, si possono manifestare sintomi di **clorosi ferrica**, che si presenta con ingiallimento delle foglie, in particolare quelle più giovani. Questo problema può essere corretto aggiungendo al terreno materiali che abbassano il pH, come lo zolfo o fertilizzanti specifici per piante acidofile.

Il substrato ideale per le petunie dovrebbe essere:

1. **Ben drenante**: Un buon drenaggio è essenziale per evitare ristagni d'acqua. Se il terreno del giardino è pesante o argilloso, può essere migliorato aggiungendo **sabbia** o

materiale organico come compost o torba, per renderlo più friabile e facilitare il passaggio dell'acqua.

2. **Ricco di materia organica**: Un terreno ricco di sostanza organica, come compost ben decomposto o letame maturo, fornisce una fonte costante di nutrienti per la pianta. Questo tipo di terreno è anche più capace di trattenere l'umidità senza diventare eccessivamente bagnato, garantendo così un equilibrio perfetto per la crescita delle petunie.

3. **Areato**: Le petunie preferiscono terreni leggeri e areati. Un terreno compatto o troppo pesante può limitare lo sviluppo delle radici e impedire alla pianta di assorbire correttamente i nutrienti. Aggiungere **perlite** o **vermiculite** al terreno o al substrato per vasi può migliorare l'aerazione e garantire una crescita ottimale.

Coltivazione in Vaso

Quando si coltivano petunie in vaso o fioriera,

è fondamentale scegliere un **terriccio di alta qualità** che offra un buon drenaggio e una buona ritenzione idrica. Il terriccio specifico per piante fiorite è spesso la scelta migliore, poiché è formulato per garantire la giusta aerazione e apportare i nutrienti necessari.

Inoltre, è essenziale assicurarsi che il vaso o la fioriera abbia **fori di drenaggio** sul fondo, per evitare che l'acqua ristagni. Se il vaso non ha un sistema di drenaggio adeguato, si possono verificare problemi di marciume radicale o ristagno idrico, che sono tra le principali cause di morte delle petunie in coltivazione domestica.

Un trucco utile per migliorare il drenaggio nei vasi è mettere uno strato di **ghiaia** o **argilla espansa** sul fondo del contenitore, prima di riempirlo di terriccio. Questo aiuterà a mantenere il substrato asciutto e a evitare accumuli d'acqua nelle radici.

Nutrimenti e Fertilizzazione

Esigenze Nutrizionali delle Petunie

Le petunie, come molte piante fiorite, sono particolarmente affamate di nutrienti durante il loro periodo di crescita e fioritura. Una corretta fertilizzazione è quindi essenziale per ottenere fioriture abbondanti e durature. Le petunie richiedono un apporto equilibrato di **macro e micronutrienti** per mantenere una crescita vigorosa.

I principali nutrienti di cui le petunie hanno bisogno sono:

1. **Azoto (N)**: L'azoto è fondamentale per la crescita delle foglie e per lo sviluppo generale della pianta. Tuttavia, un eccesso di azoto può stimolare la crescita del fogliame a discapito della fioritura, quindi è importante trovare un equilibrio.

2. **Fosforo (P)**: Il fosforo è essenziale per la produzione di fiori. Una carenza di fosforo

può ridurre la quantità e la qualità delle fioriture.

3. **Potassio (K)**: Il potassio aiuta a rinforzare i tessuti della pianta e a migliorare la resistenza alle malattie. È anche importante per la salute delle radici e la fioritura.

4. **Micronutrienti**: Oltre ai macroelementi (azoto, fosforo e potassio), le petunie hanno bisogno di piccoli quantitativi di micronutrienti come ferro, magnesio e calcio. Questi elementi sono cruciali per prevenire problemi come la clorosi o altre malattie da carenza nutrizionale.

Fertilizzazione: Quando e Come Farla

La fertilizzazione delle petunie può essere effettuata in diversi modi, a seconda del tipo di coltivazione (in vaso o in piena terra) e della fase di crescita della pianta.

Capitolo 3: Tecniche di Semina delle Petunie

La semina delle **petunie** è un processo affascinante che permette di apprezzare la trasformazione da un piccolo seme a una pianta rigogliosa e fiorente. La coltivazione delle petunie può essere effettuata sia in vaso che in piena terra, a seconda delle esigenze e dello spazio a disposizione. Le tecniche di semina richiedono alcune attenzioni particolari, poiché le petunie hanno semi estremamente piccoli e delicati. Tuttavia, con le giuste conoscenze e le tecniche adeguate, è possibile ottenere ottimi risultati sia per chi è alle prime armi sia per i giardinieri esperti.

In questo capitolo esploreremo le principali tecniche di semina delle petunie, sia per quanto riguarda la **semina in vaso** che la **semina in piena terra**, includendo tutti i dettagli necessari per assicurarsi una buona germinazione e un'adeguata crescita delle piantine.

Semina in Vaso

La **semina in vaso** è una delle tecniche più comuni per coltivare petunie, in particolare quando si vuole iniziare la crescita delle piantine in ambienti controllati, come serre o interni, prima di trapiantarle all'esterno. Questo metodo consente di controllare le condizioni di crescita in modo più preciso rispetto alla semina in piena terra, permettendo di ottenere piante robuste e pronte per essere messe a dimora quando il clima lo consente.

Periodo di Semina

Le petunie possono essere seminate in vaso durante la **fine dell'inverno o l'inizio della primavera**. Generalmente, il periodo ideale per la semina va da **fine febbraio a inizio aprile**, a seconda della zona climatica. Se si vive in una zona a clima mite, la semina può essere anticipata di qualche settimana, mentre in zone più fredde è consigliabile attendere che il rischio di gelate tardive sia completamente scongiurato.

È importante ricordare che le petunie richiedono circa **8-12 settimane** dalla semina alla fioritura. Pertanto, anticipare la semina permette di avere piante già in fiore all'inizio dell'estate. Coltivare le petunie al chiuso durante i mesi più freddi consente di proteggere le giovani piantine dalle basse temperature e di garantirne un buon sviluppo iniziale.

Materiali Necessari

Per la semina in vaso è necessario disporre dei seguenti materiali:

1. **Semi di petunia**: I semi delle petunie sono estremamente piccoli (simili a granelli di sabbia), quindi è importante maneggiarli con cura. Alcune varietà di petunie hanno semi rivestiti per facilitarne la semina.

2. **Vasi o contenitori per semina**: Si possono utilizzare piccoli vasi di plastica,

vasetti di torba o contenitori alveolati (trays). È importante che i vasi abbiano fori di drenaggio per evitare ristagni d'acqua.

3. **Terriccio specifico per semina**: Il substrato deve essere leggero, ben drenato e ricco di nutrienti. Un terriccio specifico per la semina di piante fiorite è l'ideale, ma può anche essere utilizzato un mix di torba e perlite in proporzioni 1:1.

4. **Spruzzatore d'acqua**: Per innaffiare delicatamente i semi senza spostarli o coprirli troppo.

5. **Copertura trasparente o pellicola di plastica**: Per creare un effetto serra che aiuti a mantenere l'umidità e favorire la germinazione.

Procedura di Semina

1. **Riempimento dei contenitori**: Riempire i vasi o i contenitori alveolati con il

terriccio, lasciando circa un centimetro di spazio dal bordo superiore. Livellare delicatamente la superficie senza compattarla troppo, in modo da favorire il drenaggio dell'acqua.

2. **Distribuzione dei semi**: I semi di petunia, essendo molto piccoli, devono essere distribuiti in modo uniforme sulla superficie del terriccio. È possibile mescolare i semi con un po' di sabbia fine per facilitare una distribuzione più regolare. Poiché i semi di petunia necessitano di luce per germinare, **non devono essere coperti** con uno strato di terra. Al massimo, si può spargere uno strato leggerissimo di vermiculite per garantire una buona aerazione.

3. **Innaffiatura**: Utilizzare uno spruzzatore per nebulizzare l'acqua sui semi appena sparsi. È importante innaffiare delicatamente per evitare di spostare i semi o affondarli nel terriccio. Il substrato deve essere umido, ma non inzuppato.

4. **Copertura**: Coprire i vasi o i contenitori con un coperchio trasparente, una lastra di vetro o pellicola di plastica per creare un ambiente caldo e umido. Questo favorisce la germinazione mantenendo la temperatura costante e riducendo l'evaporazione dell'acqua.

5. **Posizionamento**: Collocare i vasi in un luogo luminoso, ma non esposto alla luce diretta del sole, come un davanzale o un tavolo vicino a una finestra. La temperatura ideale per la germinazione delle petunie è compresa tra **20-22°C**.

Cura Durante la Germinazione

La germinazione delle petunie richiede solitamente **7-14 giorni**, a seconda della varietà e delle condizioni ambientali. Durante questo periodo è essenziale mantenere il terriccio umido, ma non eccessivamente bagnato. Se si nota condensa eccessiva sotto la copertura trasparente, è possibile aprire temporaneamente la copertura per permettere una migliore circolazione dell'aria.

Quando i semi iniziano a germogliare e le piantine raggiungono un'altezza di circa **2-3 cm**, si può rimuovere gradualmente la copertura per evitare che le giovani piante soffrano di troppa umidità, cosa che potrebbe favorire lo sviluppo di muffe o marciumi.

Trapianto e Diradamento

Una volta che le piantine hanno sviluppato almeno due set di foglie vere (dopo le cotiledoni), è possibile **diradarle** o **trapiantarle** in vasi più grandi. Se i semi sono stati piantati in contenitori alveolati, ogni singola piantina può essere trapiantata con facilità in un vaso individuale.

Per il trapianto:

1. Riempire i nuovi vasi con un terriccio adatto alle piante fiorite.

2. Con un piccolo attrezzo, sollevare delicatamente le piantine dai contenitori senza danneggiare le radici.

3. Trapiantare le piantine nei nuovi vasi, facendo attenzione a non interrare troppo il colletto (la base della pianta).

4. Annaffiare subito dopo il trapianto per aiutare le radici ad adattarsi al nuovo substrato.

Le piantine devono essere mantenute in una posizione luminosa, ma lontano dai raggi diretti del sole, fino a quando non si saranno acclimatate. Il trapianto finale in giardino o in vasi più grandi può essere effettuato quando le piantine sono abbastanza robuste e il rischio di gelate è definitivamente superato.

Semina in Piena Terra

La **semina in piena terra** è una tecnica

molto utilizzata per la coltivazione di petunie quando si desidera ottenere un effetto naturale e diffuso in aiuole, bordure o giardini. Questa tecnica è meno controllata rispetto alla semina in vaso, poiché è soggetta a variabili ambientali come la temperatura, l'umidità e la qualità del suolo. Tuttavia, con la giusta preparazione del terreno e tempismo, è possibile ottenere ottimi risultati.

Periodo di Semina

Il periodo ideale per la semina in piena terra coincide con la fine del periodo freddo, quando non vi è più il rischio di gelate tardive. Generalmente, nelle regioni con climi temperati, la semina in piena terra delle petunie può essere effettuata da **metà aprile a fine maggio**, a seconda delle condizioni locali.

Poiché i semi di petunia sono estremamente piccoli e delicati, la semina diretta in piena terra è consigliata solo se le condizioni del suolo e del clima sono favorevoli. Nelle zone con un clima particolarmente rigido, è preferibile iniziare la coltivazione in vaso per poi trapiantare le piantine all'aperto.

Preparazione del Terreno

Prima di procedere con la semina, è essenziale preparare adeguatamente il terreno per garantire alle petunie un ambiente ideale per la germinazione e la crescita. Le petunie preferiscono un terreno **ben drenato, ricco di sostanza organica e leggermente acido**. Se il terreno del giardino è troppo compatto o argilloso, si consiglia di alleggerirlo aggiungendo sabbia o perlite e di arricchirlo con compost ben decomposto

o letame maturo.

Passaggi per la preparazione del terreno:

1. **Pulizia**: Rimuovere erbacce, sassi e altri detriti dalla zona in cui si desidera seminare.

2. **Lavorazione del terreno**: Zappare o vangare il terreno fino a una profondità di circa **15-20 cm** per rompere eventuali croste e facilitare il drenaggio dell'acqua.

3. **Amendamenti**: Se il terreno è povero di nutrienti, aggiungere compost o fertilizzante organico a lenta cessione. Per terreni alcalini, aggiungere materiale che abbassi il pH, come la torba.

4. **Livellamento**: Dopo la lavorazione, livellare il terreno con un rastrello per creare una superficie uniforme e priva di avvallamenti.

Procedura di Semina

La semina delle petunie in piena terra richiede un po' di pazienza e precisione a causa della piccola dimensione dei semi.

1. **Distribuzione dei semi**: Spargere i

semi di petunia direttamente sul terreno preparato. Come per la semina in vaso, non è necessario coprire i semi con uno strato di terra, poiché necessitano di luce per germinare. Tuttavia, per proteggerli dal vento o dalla pioggia, si può cospargere una leggera quantità di vermiculite o sabbia fine sopra i semi.

2. **Annaffiatura**: Innaffiare delicatamente l'area seminata utilizzando un annaffiatoio con un beccuccio fine o un irrigatore a pioggia leggera. L'acqua deve penetrare nel terreno senza spostare i semi.

3. **Protezione dai predatori**: Se necessario, è possibile coprire l'area seminata con un tessuto non tessuto o una rete leggera per proteggere i semi dagli uccelli o altri animali.

Cura Post-semina

Dopo la semina, è importante mantenere il terreno costantemente umido, ma non inzuppato. Il periodo di germinazione richiede molta umidità per permettere ai semi di svilupparsi correttamente. Le petunie possono impiegare da **10 a 14 giorni** per germinare in piena terra, a seconda delle condizioni ambientali.

Una volta che le piantine iniziano a emergere, è possibile diradare le giovani piante, lasciando una distanza di almeno **20-25 cm** tra una pianta e l'altra. Questo permetterà alle petunie di svilupparsi in modo ottimale, senza competere per spazio, luce e nutrienti.

Protezione e Manutenzione

Dopo la germinazione, è fondamentale continuare a monitorare l'umidità del terreno e proteggere le giovani piantine da eventuali sbalzi di temperatura o condizioni meteorologiche avverse. In caso di forti piogge o vento, si può considerare l'uso di protezioni temporanee.

Inoltre, una volta che le piante hanno sviluppato alcune foglie vere, è possibile iniziare ad applicare una leggera fertilizzazione con un fertilizzante bilanciato per piante fiorite, che favorirà la crescita rigogliosa e la fioritura abbondante.

Le **tecniche di semina delle petunie**, sia in vaso che in piena terra, offrono un'ampia gamma di opzioni per chi desidera coltivare queste piante fiorite nel proprio giardino o terrazzo. La scelta della tecnica di semina dipende principalmente dalle condizioni climatiche, dallo spazio a disposizione e dalle preferenze del coltivatore.

Con la giusta cura e attenzione, è possibile ottenere petunie rigogliose e fiorenti, che coloreranno il giardino per tutta la stagione estiva. Che si scelga la semina in vaso o in piena terra, l'importante è seguire con precisione le indicazioni di semina, preparare adeguatamente il terreno e monitorare costantemente le condizioni di crescita delle piantine.

Le petunie, con la loro vasta gamma di colori e forme, sapranno sicuramente ripagare ogni sforzo con abbondanti fioriture e una presenza scenica di grande effetto.

Capitolo 4: Cura e Mantenimento delle Petunie

Le petunie sono tra le piante fiorite più amate e coltivate nel mondo, grazie alla loro bellezza, versatilità e abbondanza di fioriture. Tuttavia, affinché queste piante crescano rigogliose e producano fiori vibranti, è fondamentale prendersi cura di loro attraverso pratiche di mantenimento adeguate. Questo capitolo esplorerà in dettaglio i principali aspetti della cura delle petunie, concentrandosi su **irrigazione**, **potatura e cimatura** e **controllo dei parassiti e malattie**.

Irrigazione

L'**irrigazione** è uno degli aspetti più cruciali nella cura delle petunie. Una corretta gestione dell'acqua non solo garantisce la salute delle piante, ma influisce anche sulla qualità e quantità delle fioriture.

Fattori da Considerare

1. **Frequenza dell'irrigazione**: La frequenza con cui si deve irrigare dipende da vari fattori, tra cui la stagione, le condizioni climatiche e il tipo di terreno. In generale, le petunie preferiscono un terreno umido, ma non fradicio. È importante irrigare le piante quando il terreno in superficie inizia a seccarsi. Durante i periodi di calore intenso o siccità, potrebbe essere necessario irrigare anche **due volte al giorno**.

2. **Tecnica di irrigazione**: È consigliabile utilizzare un sistema di irrigazione a goccia o un annaffiatoio con un beccuccio fine. Questo metodo permette di fornire acqua direttamente alle radici, evitando l'umidificazione delle foglie, che può favorire malattie fungine. Se si utilizza un tubo o un irrigatore a pioggia, è importante innaffiare al mattino presto o alla sera, quando le temperature sono più fresche e l'evaporazione è ridotta.

3. **Quantità di acqua**: Le petunie richiedono circa **2,5-5 cm** di acqua alla settimana, inclusa l'acqua fornita dalle piogge. È importante controllare l'umidità del terreno: un terreno ben drenato dovrebbe asciugarsi tra le innaffiature, ma non diventare completamente secco. Un buon indicatore è infilare un dito nel terreno fino a circa 2,5 cm; se si sente asciutto, è il momento di annaffiare.

4. **Acqua di irrigazione**: Utilizzare acqua a temperatura ambiente per irrigare le petunie, poiché l'acqua fredda può stressare le radici. Se possibile, è ideale utilizzare acqua piovana o acqua non trattata chimicamente.

Effetti della Mancanza o dell'Eccesso di Acqua

- **Mancanza di acqua**: Le petunie che non ricevono sufficiente acqua possono mostrare segni di stress, come foglie appassite e fiori che cadono prematuramente. Inoltre, la mancanza di umidità può compromettere la qualità delle fioriture, rendendo i colori più sbiaditi.

- **Eccesso di acqua**: Un'irrigazione eccessiva può portare a problemi radicali, come il marciume radicale, che può compromettere seriamente la salute della pianta. I segni di eccesso d'acqua includono foglie ingiallite e caduta dei fiori. Assicurarsi che il terreno dreni bene e che i vasi abbiano fori di drenaggio adeguati.

Potatura e Cimatura

La **potatura e cimatura** delle petunie sono pratiche essenziali per promuovere una crescita sana e una fioritura abbondante. Queste tecniche aiutano a mantenere le piante in forma e a stimolare una maggiore produzione di fiori.

Potatura

1. **Quando potare**: La potatura delle petunie è consigliata alla fine della fioritura o all'inizio della stagione di crescita, quando le piante iniziano a mostrare segni di appassimento. In genere, una potatura leggera può essere effettuata a metà estate, mentre potature più drastiche possono avvenire all'inizio della primavera.

2. **Tecnica di potatura**: Utilizzare forbici affilate e disinfettate per effettuare tagli netti. Si consiglia di rimuovere i fiori appassiti (questo processo è noto come "deadheading") e le foglie ingiallite o danneggiate. Tagliare i rami lunghi e legnosi per incoraggiare una nuova crescita. È possibile ridurre le piante fino a circa un terzo della loro altezza per stimolare una crescita più vigorosa.

3. **Benefici della potatura**: La potatura aiuta a migliorare la circolazione dell'aria intorno alle piante e riduce il rischio di malattie fungine. Inoltre, incoraggia la pianta a concentrare le energie sulla produzione di

nuovi fiori anziché sulla crescita del fogliame.

Cimatura

1. **Quando cimare**: La cimatura è una pratica che può essere effettuata all'inizio della stagione di crescita, nonché durante l'estate per incoraggiare la ramificazione e una fioritura più abbondante. La cimatura consiste nel rimuovere le punte dei germogli.

2. **Tecnica di cimatura**: Utilizzando forbici pulite, tagliare le punte dei rami appena sopra un nodo o un gruppo di foglie. Questo incoraggia la pianta a sviluppare nuovi germogli laterali, rendendo la pianta più cespugliosa e aumentando il numero di fiori.

3. **Benefici della cimatura**: Questa pratica non solo aumenta il numero di fiori, ma aiuta anche a mantenere la forma della pianta, rendendola più compatta e attraente.

Controllo dei Parassiti e Malattie

Le petunie, sebbene siano piante resistenti, possono essere soggette a parassiti e malattie. È fondamentale monitorare regolarmente le piante per identificare eventuali problemi in anticipo e adottare misure correttive.

Parassiti Comuni delle Petunie

1. **Afidi**: Questi piccoli insetti possono infestare le foglie e i germogli, succhiando la linfa delle piante. Possono causare ingiallimento delle foglie e deformità nei fiori. Per controllare gli afidi, è possibile utilizzare sapone insetticida o una soluzione di acqua e sapone da piatti, spruzzando direttamente sugli insetti.

2. **Mosche bianche**: Questi insetti volanti si trovano spesso sulla parte inferiore delle foglie. Anch'essi succhiano la linfa delle piante e possono trasmettere malattie. L'uso di trappole adesive gialle può aiutare a monitorare e controllare le popolazioni di

mosche bianche.

3. **Tripidi**: Questi parassiti sono piccoli e difficili da vedere, ma possono causare danni significativi, creando macchie nere sulle foglie e deformando i fiori. Il trattamento può includere l'uso di insetticidi specifici o l'applicazione di neem oil.

4. **Carpocapsa**: Questi parassiti si nutrono delle radici e possono causare il marciume radicale. Per controllarli, è importante mantenere il terreno ben drenato e controllare l'umidità.

Malattie Comuni delle Petunie

1. **Marciume radicale**: Questa malattia è causata da funghi del suolo e si verifica quando le radici sono costantemente inzuppate d'acqua. I segni includono ingiallimento delle foglie e stelo appassito. È fondamentale migliorare il drenaggio e non sovrairrigare le

piante per prevenire questa malattia.

2. **Muffa grigia (Botrytis cinerea)**: Questa malattia fungina può colpire le petunie in condizioni di elevata umidità e scarsa circolazione dell'aria. Si manifesta con macchie grigie e pelose sui fiori e sulle foglie. Rimuovere le parti colpite e applicare fungicidi appropriati può aiutare a contenere l'infezione.

3. **Oidio**: Questa è un'altra malattia fungina che si presenta come una polvere bianca sulle foglie. È più comune in condizioni di alta umidità e scarsa ventilazione. Per controllare l'oidio, è importante migliorare la circolazione dell'aria e, se necessario, utilizzare fungicidi specifici.

4. **Clorosi**: La clorosi è una condizione in cui le foglie ingialliscono a causa di carenze nutrizionali, in particolare di ferro. La correzione della fertilizzazione e l'applicazione di chelati di ferro possono

aiutare a risolvere il problema.

Prevenzione e Gestione

- **Monitoraggio regolare**: Controllare le piante almeno una volta alla settimana per identificare segni di infestazioni o malattie precocemente. Osservare attentamente le foglie, i fiori e il terreno circostante.

- **Pratiche culturali**: Mantenere una buona distanza tra le piante per garantire una buona circolazione dell'aria. Non innaffiare le foglie e mantenere il terreno ben drenato.

- **Uso di prodotti biologici**: Considerare l'utilizzo di insetticidi e fungicidi biologici come l'olio di neem o il sapone insetticida per ridurre l'impatto ambientale e proteggere gli impollinatori.

- **Rotazione delle colture**: Se si coltivano

petunie in piena terra, è utile praticare la rotazione delle colture per prevenire l'accumulo di parassiti e malattie nel terreno.

La cura e il mantenimento delle petunie richiedono impegno e attenzione, ma i risultati sono decisamente gratificanti. Un'adeguata irrigazione, potatura e cimatura, insieme a una gestione attenta di parassiti e malattie, possono garantire piante sane e fioriture abbondanti. Con le giuste pratiche, le petunie possono adornare i giardini e i balconi, portando colore e gioia per tutta la stagione. Investire tempo nella cura di queste splendide piante ripagherà con una vista spettacolare e una fioritura rigogliosa.

Capitolo 5: Raccolta dei Semi delle Petunie e Utilizzo in Giardino e Balconi

La raccolta dei semi delle petunie rappresenta un'importante pratica di giardinaggio che non solo consente di risparmiare sull'acquisto di nuove piantine, ma offre anche l'opportunità di preservare varietà particolari e personalizzare il proprio giardino. In questo capitolo, esploreremo i metodi per raccogliere i semi delle petunie, i modi per utilizzare queste piante in giardino e balconi e infine alcune considerazioni finali sulla loro coltivazione e cura.

Raccolta dei Semi

La **raccolta dei semi** delle petunie è un'operazione semplice ma delicata che richiede attenzione e tempismo. I semi possono essere raccolti da piante che si sono auto-seminate o da fiori che sono stati appositamente coltivati per questo scopo.

Ecco come procedere:

1. Quando Raccogliere i Semi

I semi di petunia sono pronti per essere raccolti quando i baccelli che li contengono iniziano a seccarsi e a ingiallire. Questo avviene generalmente alla fine dell'estate o all'inizio dell'autunno, quando le piante hanno terminato il loro ciclo di fioritura. È importante monitorare le piante e raccogliere i semi prima che i baccelli si aprano completamente, altrimenti i semi possono cadere e andare persi.

2. Come Raccogliere i Semi

- **Tagliare i Baccelli**: Utilizzare forbici sterilizzate per tagliare i baccelli secchi dalla pianta. Assicurati di indossare guanti per proteggere le mani dai residui di polline o da eventuali parassiti.

- **Conservazione**: Metti i baccelli raccolti in un sacchetto di carta o in un contenitore traspirante. Evita i contenitori di plastica, poiché l'umidità può accumularsi e danneggiare i semi.

- **Essiccazione**: Lascia essiccare i baccelli in un luogo fresco e buio per alcuni giorni. Una volta essiccati, puoi schiacciarli delicatamente per estrarre i semi.

- **Imballaggio**: Dopo aver estratto i semi, conservali in bustine di carta o in barattoli di vetro etichettati con il nome della varietà e la data di raccolta. Tieni i semi in un luogo fresco e buio per garantire una buona conservazione.

3. Conservazione dei Semi

I semi di petunia possono rimanere vitali per **1-3 anni** se conservati correttamente. La chiave per una buona conservazione è mantenere i semi asciutti e al riparo dalla luce. Puoi anche considerare di aggiungere un pacchetto di gel di silice nel contenitore per assorbire l'umidità.

4. Germinazione dei Semi Raccolti

Quando decidi di seminare i semi raccolti, ricorda che potrebbero non germogliare con la stessa vigoria delle varietà commerciali a causa della variazione genetica. Tuttavia, sono un modo economico e sostenibile per continuare a godere delle petunie nel tuo giardino.

Utilizzo delle Petunie in Giardino e Balconi

Le petunie sono piante straordinarie per abbellire giardini, terrazzi e balconi. La loro versatilità e varietà di colori e forme le rendono perfette per molteplici utilizzi paesaggistici. Vediamo alcune delle modalità più efficaci per sfruttare al meglio queste splendide piante.

1. Giardinaggio a Contenitore

Le petunie sono ideali per la coltivazione in contenitori grazie alle loro radici relativamente compatte e alla loro capacità di fiorire abbondantemente. Puoi utilizzare:

- **Vasi e Cesti Appesi**: Le petunie ricadenti, in particolare, sono perfette per cesti appesi, creando una cascata di fiori che può aggiungere colore e movimento al tuo spazio esterno. Queste piante possono fiorire per tutta l'estate e oltre, richiedendo solo una leggera potatura per mantenere la loro forma.

- **Vasi da Giardino**: Posiziona petunie in vasi di diverse dimensioni e forme per creare un effetto visivo attraente. Scegli vasi di terracotta, ceramica o plastica, ma assicurati che abbiano fori di drenaggio. Puoi combinare le petunie con altre piante annuali e perenni per un effetto mosaico di colori.

2. Aiuole e Bordature

Le petunie possono essere utilizzate anche per realizzare aiuole o bordature lungo i sentieri del giardino. Ecco alcune idee:

- **Aiuole Miste**: Combina petunie con altre piante fiorite come calendule, verbene e gerani. Questo mix non solo migliora l'estetica, ma aiuta anche a creare un ecosistema di piante che attraggono impollinatori e benefattori naturali.

- **Bordure di Petunie**: Pianta petunie lungo i bordi di aiuole o percorsi. Possono essere disposte in file alternate di colori diversi per creare un effetto a strisce o a mosaico, aggiungendo dinamicità al paesaggio.

3. Giardini Verticali

Le petunie possono essere utilizzate per realizzare giardini verticali. Le strutture di supporto, come graticci o pannelli, possono essere ricoperte da petunie per un effetto scenografico.

4. Composizioni Florali

Le petunie possono essere anche usate in composizioni floreali fresche. I loro colori vivaci e la loro durata rendono queste piante un'aggiunta ideale a bouquet e centrotavola. Scegli petunie con fiori di dimensioni diverse per creare un aspetto più interessante.

5. Impollinatori e Fauna Selvatica

Le petunie attirano farfalle e api, contribuendo

così a supportare l'ecosistema locale. Creando spazi verdi con petunie e altre piante fiorite, puoi contribuire alla biodiversità nel tuo giardino. Inoltre, la presenza di pollinatori è fondamentale per la salute dell'ecosistema.

Considerazioni Finali

Le petunie sono piante straordinarie che possono trasformare qualsiasi spazio esterno in un paradiso fiorito. La loro coltivazione e cura richiede attenzione, ma il risultato finale è sempre gratificante. Ecco alcune considerazioni finali da tenere a mente:

1. **Scelta delle Varietà**: Scegli la varietà di petunia che meglio si adatta al tuo ambiente e alle tue preferenze estetiche. Le petunie a fiore semplice, a fiore doppio e ricadenti offrono tutte opportunità uniche per il design del giardino.

2. **Pratiche di Giardinaggio Sostenibili**:

Considera pratiche di giardinaggio sostenibile, come la raccolta dei semi, l'uso di fertilizzanti organici e la gestione integrata dei parassiti. Queste pratiche non solo sono più ecologiche, ma possono anche ridurre i costi e migliorare la salute generale delle piante.

3. **Imparare dall'Esperienza**: Ogni giardiniere ha la propria esperienza unica. Non avere paura di sperimentare con nuove tecniche e piante. Impara dai tuoi errori e dalle tue esperienze e adatta le tue pratiche di cura delle petunie di conseguenza.

4. **Decorazione e Arredo**: Le petunie non sono solo belle; possono anche essere utilizzate per abbellire gli spazi interni, se coltivate in vasi decorativi. Possono essere un tocco di freschezza in casa, portando un po' di natura anche negli spazi chiusi.

5. **Stagionalità e Rotazione delle Piante**: Considera di pianificare le tue piantagioni in base alla stagionalità. Alternare le petunie con

altre piante perenni o annuali può aiutarti a mantenere un giardino vibrante e in continua evoluzione.

In conclusione, le petunie offrono infinite possibilità per la decorazione e l'abbellimento di giardini e spazi esterni. Con le giuste pratiche di cura e mantenimento, queste piante possono fornire fioriture magnifiche e durature, portando colore e gioia nei nostri ambienti. Che tu sia un giardiniere esperto o un principiante, le petunie possono arricchire la tua esperienza di giardinaggio e il tuo spazio vitale.

Glossario

Le petunie sono piante fiorite molto amate nel giardinaggio per la loro bellezza, versatilità e facilità di coltivazione. Tuttavia, il loro fascino è accompagnato da una terminologia specifica che può risultare confusa per i neofiti. Questo glossario ha lo scopo di chiarire i termini e i concetti legati alle petunie, fornendo un riferimento utile per tutti gli appassionati di giardinaggio, dai principianti agli esperti.

A

Acqua

Elemente essenziale per la crescita delle petunie. Una corretta irrigazione è fondamentale per mantenere il terreno umido senza causare marciume radicale.

Afidi

Piccoli insetti parassiti che succhiano la linfa delle piante, causando danni e riducendo la vigorosità delle petunie. Possono essere controllati con insetticidi naturali o sapone insetticida.

Aiuola

Area del giardino dedicata alla coltivazione di piante, fiori o arbusti. Le petunie sono frequentemente utilizzate per creare aiuole colorate e vivaci.

B

Baccello

La struttura che contiene i semi delle petunie. Quando i baccelli sono secchi, i semi possono essere raccolti per la propagazione.

Bellezza

Le petunie sono apprezzate per la loro

straordinaria bellezza e varietà di colori, che possono trasformare qualsiasi giardino o balcone in uno spazio incantevole.

C

Cilindro di Germinazione

Contenitore utilizzato per la germinazione dei semi, ideale per le petunie. Favorisce il controllo dell'umidità e la protezione dai parassiti.

Cimatura

Tecnica di giardinaggio che consiste nel rimuovere le punte dei germogli per stimolare la ramificazione e aumentare la produzione di fiori.

Compost

Miscela di materiali organici utilizzata per fertilizzare il terreno. Favorisce una crescita sana delle petunie.

Contenitore

Vaso o contenitore utilizzato per coltivare petunie in spazi ridotti, come terrazzi o balconi.

D

Drenaggio

La capacità del terreno di permettere il passaggio dell'acqua in eccesso. È fondamentale per la salute delle petunie, che non tollerano il ristagno idrico.

Deadheading

Pratica di rimuovere i fiori appassiti per stimolare la produzione di nuovi fiori e mantenere l'aspetto della pianta ordinato.

E

Espansione

Termine che descrive il modo in cui le petunie si espandono quando coltivate in contenitori o aiuole, creando un effetto di copertura florido.

F

Fertilizzazione

L'applicazione di nutrienti al terreno per sostenere la crescita delle piante. Le petunie beneficiano di fertilizzanti bilanciati durante la stagione di crescita.

Fioritura

Il periodo in cui le petunie producono fiori. Le petunie possono fiorire per mesi, da primavera fino all'autunno, se curate correttamente.

G

Germinazione

Il processo attraverso il quale un seme sviluppa una pianta. Le petunie possono germogliare in 7-14 giorni, a seconda delle condizioni ambientali.

Giardino Verticale

Struttura o sistema di giardinaggio che utilizza il vertice per coltivare piante. Le petunie possono essere integrate in giardini verticali per un effetto decorativo.

I

Irrigazione

Pratica di fornire acqua alle piante. Le petunie richiedono un'irrigazione regolare, evitando sia l'eccesso che la mancanza d'acqua.

Isolamento

Una tecnica di giardinaggio che implica la disposizione di piante in modo da creare spazi separati nel giardino, aiutando a evitare malattie e parassiti.

L

Luce

Le petunie necessitano di una buona esposizione alla luce solare per crescere rigogliose. Idealmente, dovrebbero ricevere almeno **6 ore** di sole diretto al giorno.

M

Malattie Fungine

Condizioni patologiche causate da funghi che possono colpire le petunie, come il marciume radicale e l'oidio. È importante trattarle prontamente con fungicidi appropriati.

Moltiplicazione

Processo di riproduzione delle petunie, che può avvenire tramite semi o talee.

N

Nutrienti

Elementi chimici necessari per la crescita delle piante. Le petunie necessitano di un equilibrio di nutrienti per prosperare.

Piante Annuali

Piante che completano il loro ciclo di vita in un anno. Le petunie sono classificate come piante annuali, poiché fioriscono e muoiono in un'unica stagione.

O

Oidio

Malattia fungina che si manifesta con una polvere bianca sulle foglie. Può essere prevenuta migliorando la circolazione dell'aria e trattando con fungicidi.

P

Parassiti

Organismi che danneggiano le piante, come afidi, mosche bianche e tripidi. La loro presenza deve essere monitorata e controllata per mantenere le petunie in salute.

Petunie a Fiore Doppio

Varietà di petunie caratterizzate da fiori con più petali, che conferiscono un aspetto più ricco e voluminoso.

Petunie Ricadenti

Varietà di petunie che crescono in modo cascante e sono ideali per cesti appesi e contenitori. Creano effetti scenografici spettacolari.

Petunie a Fiore Semplice

Varietà di petunie con fiori semplici e piatti, che presentano un aspetto più classico e tradizionale.

Potatura

Pratica di rimuovere parti della pianta per stimolare una crescita sana e controllare la forma. Le petunie possono essere potate per incoraggiare nuovi fiori.

R

Raccolta dei Semi

Processo di raccolta dei semi da baccelli

secchi. Consente di risparmiare denaro e continuare a coltivare petunie nelle stagioni successive.

Rotazione delle Colture

Tecnica agricola che prevede la coltivazione di diverse piante in successione per migliorare la salute del suolo e prevenire malattie.

S

Sementi

I semi delle petunie, che possono essere raccolti o acquistati per la coltivazione. La qualità dei sementi influisce sulla germinazione e sulla crescita.

Soil (Terreno)

La base in cui crescono le petunie. Un terreno ben drenato e ricco di sostanze nutritive è essenziale per la loro salute.

T

Tipo di Terreno

Le petunie preferiscono terreni ben drenati, leggeri e ricchi di sostanza organica. Un pH leggermente acido è ideale per una crescita sana.

Temperature

Le petunie prosperano in temperature comprese tra **15 e 25 gradi Celsius**. Temperature troppo basse o troppo alte possono influenzare negativamente la crescita.

U

Utilizzo Ornamentale

Le petunie vengono spesso utilizzate per scopi ornamentali in giardini, balconi e interni, grazie alla loro vasta gamma di colori e forme.

Uccelli Impollinatori

Le petunie attraggono vari tipi di uccelli e insetti impollinatori, contribuendo alla biodiversità del giardino.

V

Varietà

Le petunie esistono in molte varietà, ognuna con caratteristiche distintive, come forma, colore e dimensione dei fiori. La scelta della varietà dipende dallo stile di giardinaggio e dalle preferenze personali.

Z

Zolle di Terreno

Piccole porzioni di terreno utilizzate per creare letti di coltivazione. È importante garantire che il terreno sia ben lavorato e arricchito prima di piantare le petunie.

Le petunie offrono molteplici vantaggi e possibilità nel giardinaggio, grazie alla loro bellezza e versatilità. Conoscere la terminologia specifica relativa a queste piante può aiutare a comprendere meglio le pratiche di coltivazione e cura, facilitando un approccio più consapevole e informato alla loro gestione. Che tu sia un giardiniere esperto o un principiante, questo glossario può fungere da guida preziosa nel mondo delle petunie, rendendo più facile godere della loro splendida fioritura e della loro presenza nei nostri spazi verdi.

Indice

Introduzione pg.4

Capitolo 1: Origine e Caratteristiche della Petunia pg.7

Capitolo 2: Condizioni Ideali per la Coltivazione delle Petunie pg.17

Capitolo 3: Tecniche di Semina delle Petunie pg.28

Capitolo 4: Cura e Mantenimento delle Petunie pg.43

Capitolo 5: Raccolta dei Semi delle Petunie e Utilizzo in Giardino e Balconi pg.54

Glossario pg.64

www.ingramcontent.com/pod-product-compliance
Lightning Source LLC
Chambersburg PA
CBHW070357230526
45471CB00006B/2616